CONSEILS

AUX SÉRICICULTEURS

SUR L'EMPLOI

DE LA CRÉOSOTE

POUR L'ÉDUCATION

DES VERS A SOIE

PAR

M. A. BÉCHAMP

PROFESSEUR DE CHIMIE A LA FACULTÉ DE MÉDECINE
DE MONTPELLIER

MONTPELLIER
COULET, LIBRAIRE-ÉDITEUR
GRAND'RUE, 5

M. DCCC LXVII

CONSEILS

AUX SÉRICICULTEURS

SUR L'EMPLOI

DE LA CRÉOSOTE

POUR L'ÉDUCATION

DES VERS A SOIE

PAR

M. A. BÉCHAMP

PROFESSEUR DE CHIMIE A LA FACULTÉ DE MÉDECINE
DE MONTPELLIER

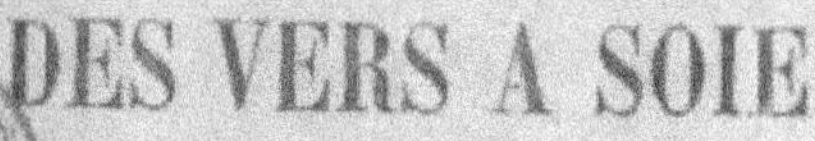

MONTPELLIER
COULET, LIBRAIRE-ÉDITEUR
GRAND'RUE, 5

—

M DCCC LXVII

MONTPELLIER, IMPRIMERIE GRAS.

CONSEILS AUX SÉRICICULTEURS

SUR

L'EMPLOI DE LA CRÉOSOTE

POUR L'ÉDUCATION

DES VERS A SOIE

Quelques personnes, dont la bienvellance me soutient, ont désiré un résumé de mes recherches sur la maladie actuelle des vers à soie et un exposé de la méthode de traitement qui en est la conséquence. Je me hâte de satisfaire à ce désir comme à un ordre.

La maladie appelée *gattine* ou *pébrine* est une maladie parasitaire.

Un ver à soie devient malade de la pébrine comme on devient malade de la gale ou, plus exactement, de la trichine. Le parasite de la gale pénètre la peau et y vit en produisant les désordres que tout le monde connait. Le parasite de la trichinose pénètre tous les tissus et occasionne la mort.

Mais l'acarus de la gale et la trichine sont des espèces animales. Il y a des maladies de l'homme et des animaux qui sont dues à des végétaux microscopiques. Le sycosis parasitaire est occasionné chez l'homme par le cryptogame que l'on connaît sous le nom de *microsporon mentagrophytes*. Les spores de celui-ci pénètrent dans la peau et vont vivre aux dépens des matériaux du bulbe des poils.

Il en est de même du ver à soie, et cela n'a pas lieu de surprendre, même pour la maladie actuelle, pendant si longtemps mystérieuse. Ne sait-on pas comment un ver prend la muscardine? Cette terrible maladie, dont on a fini par avoir raison, est également produite par un végétal microscopique, le *botrytis bassiana*. Les spores de cette petite plante, en tombant sur le ver, pénètrent dans ses tissus, y germent, y végètent et finissent par le tuer. Personne ne doute de ce fait, les savants même y croient. Il n'en est pas autrement de la pébrine ou gattine.

Mais est-il démontré que le parasite de la pébrine soit un végétal? Si les principes fondamentaux de la science ne sont pas trompeurs, on n'en saurait douter, car : 1° ce parasite ne se détruit pas au milieu des matériaux du ver, de la chrysalide ou du papillon qui se putréfient; 2° ce parasite est insoluble, comme toutes les moisissures végétales, dans une dissolution aqueuse contenant un dixième de son poids de potasse caustique; 3° ce parasite se multiplie dans les matériaux du ver mort et écrasé qu'on a délayés dans l'eau; 4° il agit comme ferment sur le sucre de canne, qu'il transforme en acides divers et en alcool.

Le parasite de la pébrine, que l'on nomme corpuscule vibrant, corpuscule oscillant ou corpuscule de Cornalia, est donc un organisme analogue, quant à la fonction, à une foule de ferments organisés végétaux; il possède donc une vie propre, et non pas une vie d'emprunt comme les globules du sang, les globules du pus et autres production que l'on nomme des organites.

Le parasite de la pébrine est un végétal qui est réduit, dans l'état où on le connait actuellement, à une cellule de forme ellipsoïde ou ovale, qui n'est visible qu'à un très-fort grossissement du microscope. Il attaque le ver par le dehors (il faut noter ici que, pour la physiologie, tout le trajet du canal digestif doit être considéré comme une continuation des tissus extérieurs de l'être), et ce n'est que peu à peu qu'il pénètre dans l'intérieur des tissus de l'animal.

Je le répète, il se passe pour le corpuscule vibrant ce que l'on a vu pour le parasite de la muscardine. Quand les spores (germes, semences) du *botrytis bassiana* tombent sur un ver à soie,

elles pénétrent dans son corps et elles y germent ;
cette germination est d'autant plus rapide que le
ver à soie est dans un âge plus avancé et que l'air
des magnaneries est plus humide. Il est vrai que
l'on a vu et décrit la spore du botrytis de la
muscardine, tandis que l'on n'a pas encore vu le
germe du corpuscule vibrant. Cela n'a pas de
quoi embarrasser; il y a tant de choses que l'on n'a
pas vues dans cet ordre de faits ! Mais il peut se
faire, j'ai quelques bonnes raisons de le croire,
que le corpuscule vibrant ne soit lui-même
qu'une spore de forme particulière, dont la cellule
pullule de préférence dans les tissus et les liquides
du ver à soie, comme pullule la cellule de la
levûre de bière dans le moût de bière.

Le corpuscule vibrant peut se trouver sur le
corps du ver à tous les âges, sans que l'on aper-
çoive ni trace de gattine, ni trace de pébrine.
Il peut arriver que le ver soit gattiné ou pébriné
assez fortement sans que l'on trouve des corpuscules vibrants dans les tissus profonds. Il peut
arriver, mais le fait est plus rare, que le corpu-
cule vibrant pénètre par les voies digestives;
dans ce cas, on peut trouver le corpuscule dans
le corps avant de le trouver à la surface. Mais
nous savons que, pour le physiologiste, le canal
intestinal fait partie de l'extérieur du ver.

Le parasite de la pébrine, comme le botrytis de
la muscardine, est surtout à redouter après la
quatrième mue et vers la montée. C'est à cette

époque qu'une chambrée qui a bien marché jus-
que-là peut, tout à coup, être perdue par la pul-
lulation du parasite. L'humidité, comme je l'ai
déjà dit, favorise son développement, comme elle
favorise celui de la muscardine. Un *Viganais* qui
a assisté à la conférence que j'ai faite au Vigan,
grâce à la bienveillante insistance de M. le prési-
dent Aragon, m'écrivait quelques jours après :
« Vos observations nous ont paru très-judicieuses,
puisqu'il est admis chez nous sans conteste que,
lorsque la récolte du ver à soie se produit au
milieu d'orages et avec des pluies continuelles,
le résultat en est d'autant plus déplorable que,
même lorsque le ver, quoique robuste et paraiss-
sant jouir d'une très-grande vitalité, semble pro-
mettre une excellente récolte, s'il a subi l'épreuve
d'un temps aqueux à l'époque rapprochée de la
montée, ou au moment de se transformer en
cocon, le ver périt presque toujours sur la litière
avec plus ou moins de rapidité, et sans faire son
cocon. »

On le voit, il y a parité entre le développement
de la muscardine et celui de la pébrine. Tout cela
se conçoit facilement pour celui qui sait combien
la génération de toutes les moisissures et de tous
les ferments organisés est singulièrement favo-
risée par l'abondance de l'humidité.

Le corpuscule vibrant, qui, au début, a pé-
nétré de l'extérieur dans l'intérieur du ver, peut,
si les circonstances ont été favorables, n'y avoir

pas encore fait assez de ravages pour qu'à la montée ce ver puisse filer son cocon, devenir chrysalide et même sortir papillon. Mais la chrysalide, le papillon, provenant de tels vers, seront fatalement farcis, plus ou moins, de corpuscules. Il pourra même arriver que les œufs soient eux-mêmes corpusculeux, à l'extérieur et à l'intérieur à la fois ; à l'extérieur ou à l'intérieur seulement.

Il est évident, d'après cela, qu'il faut, avant tout, posséder de la bonne graine. La graine non corpusculeuse pourra être réputée bonne ; cependant les vers corpusculeux peuvent pondre de la graine non corpusculeuse ; cette graine, provenant de parents malades, ne pourra donc pas être distinguée de celles qui proviennent de parents sains, du moins quant à présent, car M. Le Ricque de Monchy et moi croyons être sur la voie d'un caractère distinctif. On ne peut donc pas, *à priori*, même après l'examen microscopique, affirmer qu'une graine est bonne. Voilà pourquoi le bon sens a indiqué qu'il fallait, avant tout, se procurer de bons reproducteurs. M. Aragon insistait sur la sélection déjà en 1858, dans un article du *Messager du Midi*. Il est évident que des vers corpusculeux ont leurs liquides nourriciers altérés, puisque le corpuscule, qui est un ferment, s'y nourrit et y abandonne ses propres excrétions ; il est donc impossible que les œufs qui en proviennent soient absolument dans les mêmes conditions que ceux qui sont pondus par des parents non malades. Voilà pourquoi il est bon de prendre toutes les mesures que le bon sens indique pour se procurer de bons reproducteurs. Mais cela même ne suffit pas, puisque des parents sains peuvent donner des œufs dont les vers pourront prendre la pébrine.

Quoi qu'il en soit de ces observations, lorsque l'on ne connaît pas l'état de santé des parents, il est toujours utile de se procurer de la graine non corpusculeuse et, par suite, de savoir la distinguer.

Examen de la graine. — Il ne suffit pas, pour connaître la valeur d'une graine, comme le recommandait M. Cornalia, d'écraser cette graine dans une goutte d'eau, sur le porte-objet du microscope. Il faut pouvoir distinguer la graine corpusculeuse qui l'est absolument de celle qui ne l'est qu'en apparence.

Pour examiner un lot de graines, on en prend 25 ou 30 et on les délaye délicatement dans un peu d'eau, sur la lame de verre porte-objet du microscope. On laisse tremper pendant cinq à dix minutes, on les remue doucement dans cette eau pour en détacher les matières adhérentes, et, après avoir recouvert un peu de cette eau avec la lame mince, on examine sous un fort grossissement du microscope. Avec les nouveaux microscopes de Nachet, il faut employer la combinaison : oculaire 2, objectif 5. Si plusieurs parties de l'eau de

lavage ne laissent pas apercevoir de corpuscules,
on peut affirmer qu'il n'y a pas, ou qu'il n'y a
que très-peu de corpuscules extérieurs. Après cet
examen il faut laisser écouler la première eau, qui
contient toujours des productions étrangères, laver une seconde et une troisième fois, puis écraser deux à trois graines à la fois dans l'eau qui
baigne encore les graines ou dans de l'eau nou-
velle. Cet écrasement se fait très-bien en plaçant
les œufs sous la lame d'un canif et pressant sur
la lame de verre bien appuyée. Le liquide trouble
qui en jaillit est délayé dans l'eau, bien unifor-
mément ; puis, après avoir éloigné les coques des
œufs, on recouvre la préparation de la lame mince
et on regarde. Si, après avoir écrasé successive-
ment et observé ainsi une quinzaine de graines,
on n'aperçoit pas de corpuscules, on pourra ad-
mettre que la graine n'est pas corpusculeuse extérieurement ni intérieurement, du moins en
grande majorité.

Si dans l'examen précédent on n'a trouvé des
corpuscules que sur la surface, la graine ne devra pas être rejetée ; elle pourra encore donner
des résultats satisfaisants après avoir été lavée
avec soin, dans le but d'éloigner le parasite.

Remarque. — Le liquide trouble que contient
la graine saine ne laisse jamais apercevoir que
deux genres de formes : des globules circulaires
très-gros et des globules sphériques plus petits.
Les gros globules circulaires sont formés des

corps gras du vitellus ; les petits globules sphériques sont ce que l'on appelle sphérules du vitellus. Quand une graine est corpusculeuse, on y distingue très-facilement les corpuscules à leur forme ovale et allongée ; en y regardant de près, on en voit de plusieurs grandeurs et diversement allongés ; si l'on regarde encore de plus près, on distingue nettement sur les plus grands, les plus âgés, dans le sens du grand axe, dans le sens de la longueur, une ligne noire. A ces caractères, le corpuscule se distingue de toutes les autres apparences que l'on peut remarquer dans la préparation.

Mais une graine non corpusculeuse peut contenir et contient souvent, comme nous l'avons observé, M. de Monchy et moi, d'autres productions que les sphérules du vitellus et les globules graisseux : ce sont des points mobiles, beaucoup plus petits que tout ce qui les entoure et souvent extrêmement nombreux. Ces points mobiles, nous les nommons *mycrozyma aglaïae*, en attendant que nous déterminions positivement leur signification.

Une graine qui ne porterait des corpuscules qu'à la surface et ne contiendrait pas d'autres productions que les globules graisseux et les sphérules du vitellus mérite d'être essayée, quoiqu'elle manifeste déjà, les grainages ayant été faits avec soin, qu'il y avait des papillons corpusculeux parmi les reproducteurs. Il m'a été donné d'examiner des graines venant de Porto-Vecchio

(Corse), qui portaient peu de corpuscules extérieurs et beaucoup d'intérieurs. Des cocons produits par cette graine à Tavel, et conservés de l'année dernière, contenaient des chrysalides mortes, horriblement farcies de corpuscules. Les graines reproduites à Tavel, par des papillons de ce même lot de cocons, portaient des corpuscules extérieurs et n'en contenaient pas d'intérieurs. Elles ne contenaient pas non plus de *mycrozyma aglaïae*. Nous verrons ce que de pareilles graines produiront.

En résumé, quand on ne connaît pas les reproducteurs, se procurer de la graine qui ne soit corpusculeuse ni extérieurement, ni intérieurement, et sans *mycrozyma aglaïae*, c'est, dans l'état actuel, le conseil suprême. Il faut s'approcher autant que possible de cet idéal.

Cela posé, le sériciculteur muni de bonne graine n'a pas pour cela assuré sa récolte. Ne sait-on pas, et l'article publié par M. Aragon dans le *Messager du Midi*, le 9 juin 1858, en fait foi, que la meilleure graine, celle qui, pendant plusieurs années, avait donné de bons résultats, finit par ne plus rien donner qui vaille ? C'est que l'ennemi est toujours là ! Le parasite guette en quelque sorte l'occasion favorable, et aussitôt il pullule et compromet tout. Il s'agit d'enrayer et d'annuler finalement son influence désastreuse.

Mais est-il possible d'arrêter l'invasion du parasite ? En théorie, oui, certainement ! En pra-

tique, c'est à l'expérience à décider. A tort qui
n'essaye pas, puisque le moyen proposé est rationnel, scientifique, peu coûteux, et incapable d'être
nuisible, de rien compromettre, de rien aggraver!

La créosote, liquide volatil et très-odorant qui
existe dans le goudron de bois, possède une propriété singulière : l'expérience m'a démontré que
la germination des spores des ferments et des parasites végétaux est totalement entravée par cette
substance. La fermentation, la putréfaction d'une
foule de matières fermentescibles ou putrescibles
peuvent être empêchées par elle, soit qu'on l'introduise directement dans les liquides fermentescibles, soit que l'on place ceux-ci dans une atmosphère où l'on a répandu ses vapeurs. Or la fermentation et la putréfaction sont l'effet de la
nutrition des petits végétaux microscopiques dont
les spores, qui existent dans l'air ambiant, germent dans les liquides aqueux qui contiennent
des matériaux dont ils peuvent se nourrir. Puisque
la créosote empêche la fermentation, cela prouve
qu'elle s'oppose à la germination des semences des
petits végétaux qui en sont la cause. Voilà le fait,
qui est devenu le point de départ de la théorie
dont voici l'énoncé :

*La germination des spores des ferments, qui sont
la cause des phénomènes que l'on nomme fermentation ou putréfaction, est empêchée par la créosote
et aussi par d'autres substances analogues, dont j'ai
donné l'énumération ailleurs.*

Mais la créosote et d'autres substances volatiles pourront-elles empêcher la germination des spores du parasite végétal de la pébrine ? — Des essais entrepris dans cette direction m'ont donné la confiance que l'influence de la créosote sera efficace.

Il faut bien comprendre une chose : la créosote n'aura pas pour effet, pas plus que d'autres substances analogues, de tuer le parasite, mais d'empêcher qu'il ne se développe sur les vers sains. Son influence n'empêchera pas un ver pébriné de l'être et de le rester, mais elle empêchera un ver sain de le devenir. Il y a plus, j'ai l'espoir qu'elle s'opposera à ce qu'un ver pébriné le devienne davantage, de telle façon qu'un ver qui serait mort sur la litière pourra arriver à filer son cocon. Voici sur quel fait cette opinion est fondée : J'ai dit que le corpuscule vibrant pullule dans les matériaux du ver mort et écrasé dans l'eau. L'expérience a été reprise cette année : le corps d'un ver farci de corpuscules a été écrasé dans un volume d'eau déterminé; on a fait deux parts égales du mélange. Dans chaque part il y avait un certain nombre de corpuscules (en moyenne on en comptait huit ou dix dans le champ du microscope); une part a été abandonnée à elle-même dans une étuve, l'autre a été additionnée de créosote et placée dans la même étuve. Quinze jours plus tard, il y avait en moyenne 33 corpuscules dans le champ du microscope pour la préparation non créosotée ; il n'y en avait en moyenne que 13 pour la préparation où l'on avait ajouté la créosote. Dans le premier cas, le nombre des corpuscules avait au moins triplé ; il était resté stationnaire sensiblement dans le second. La créosote tarit donc la prolifération des corpuscules.

Mais la créosote ne peut-elle pas empêcher l'éclosion des œufs, ne peut-elle pas être nuisible pour le ver ?

Non, la créosote n'entrave en rien l'éclosion des œufs et ne nuit en aucune façon à l'accomplissement normal des fonctions du ver. De ce côté, l'affirmation est absolue ! On n'a rien à craindre de l'emploi de cette substance, et, comme elle est d'un prix peu élevé (8 fr. le kilogramme à Paris et à Strasbourg), qu'il en faut peu , on aurait tort de ne pas tenter un moyen prophylactique que la théorie et l'expérience recommandent également.

En résumé, la maladie est parasitaire ; le parasite est un végétal microscopique de l'ordre des ferments, et la créosote enraye sa propagation. La propagation du parasite étant enrayée , il s'épuisera et finalement disparaîtra de nos chambrées.

Comment convient-il d'employer la créosote et quelles dispositions doit-on prendre dans les magnaneries ? Quelles sont, enfin, les autres précautions qu'il faudra observer pour opérer conformément à l'opinion démontrée que le corpuscule vibrant est un parasite ?

Disposition des chambrées. — Les soins de propreté sont recommandés en tout temps, et plus spécialement lorsqu'il s'agit de maladies parasitaires. Il sera bon d'opérer le balayage et l'époussetage longtemps avant l'époque fixée pour l'incubation, afin que les poussières, autant que possible entraînées par une bonne ventilation, aient eu le temps de se déposer. Pendant cette opération, les claies ou canisses seront portées dehors et bien essuyées. Toutes les pratiques usitées à cet égard contre la muscardine, comme fumigations diverses, blanchissage, lavage avec des dissolutions de sulfate de cuivre ou couperose bleue, sont utiles. Mais, comme ces soins ont été inutiles contre la pébrine, il faudra procéder au lavage de toute la magnanerie, murs, plancher, plafond, montants, fenêtres, portes, etc., avec de l'eau créosotée. Il faudra atteindre toutes les anfractuosités.

L'eau créosotée sera préparée en versant 50 à 60 grammes, ou même 100 grammes, de créosote par hectolitre d'eau bien propre.

On pourra ajouter à l'eau créosotée un peu de sulfate de cuivre, environ 50 grammes par hectolitre. On atteindrait ainsi un double but : on arrêterait la germination des spores du parasite et on tuerait peut-être les parasites déjà développés.

Les canisses seront d'abord lavées à grande
eau, bien proprement, puis à l'eau créosotée.
Elles seront mises en place étant encore humides.
Puis on fermera soigneusement toutes les issues,
pour que les vapeurs ou émanations créosotées
imprégnent bien tout l'espace.

Fermeture des fenêtres des magnaneries. — M.
Berthezène fils ferme les fenêtres de ses chambrées à l'aide de châssis en toile. Je préférerais, à
la place de la toile, du molleton de laine. Le molleton a un duvet qui servirait de filtre, et on aurait plus de chance de retenir au passage les poussières infectieuses.

Lavage de la graine. — Puisque la graine peut
porter le parasite à l'extérieur, il convient de la
laver. Cette pratique, autrefois générale, doit
être reprise, puisqu'elle a sa raison d'être scientifique. Le lavage sera pratiqué à grande eau. La
graine sera placée dans un tamis fin, et on versera
dessus un filet d'eau pendant qu'on la frottera
doucement entre les mains, pour détacher toutes
les impuretés qui sont à la surface. Si l'on possède un microscope, on s'assurera que les der-
nières eaux ne contiennent plus de corpuscules.
Dans tous les cas, quinze affusions d'eau sont
nécessaires pour obtenir un lavage complet.
Lorsque la dernière eau sera écoulée, on effec-
tuera un dernier lavage à l'eau créosotée, additionnée ou non de sulfate de cuivre.

Si la graine adhère à des cartons, on les placera dans une position inclinée, après les avoir trempés dans l'eau, puis, à l'aide d'une houppe de linge fin, on la brossera doucement sous un filet d'eau pure, et à la fin sous un filet d'eau créosotée.

La graine lavée sera mise à sécher dans un lieu frais, où l'on aura répandu des vapeurs de créosote.

De l'incubation. — Le procédé habituellement usité dans les campagnes me paraît défectueux. Je voudrais que cette opération importante s'accomplît dans une petite pièce ou dans une caisse en bois, dans laquelle on maintiendrait une odeur franche de créosote, afin que dès sa naissance le ver fût sous l'influence préservatrice.

Éducation. — Lorsque les vers arriveront dans la chambrée, il faudra que l'odeur de créosote y soit franche ; cette odeur devra être perçue pendant toute la durée de l'éducation. Pour obtenir ce résultat, j'estime que, par 100 mètres cubes d'espace, 2 grammes de créosote seront suffisants. Ce sera au magnanier à voir si cette quantité produit assez de vapeur pour que l'odeur soit sensible dans tous les points de l'espace occupé par les vers. Pour répandre ces vapeurs, qui se forment facilement à cause de la tension de la créosote, il suffira de placer de distance en distance des godets en fer-blanc, des soucoupes ou

autres vases plats, dans lesquels on versera, sur
un morceau d'éponge, de ouate ou de papier bu-
vard, environ vingt gouttes de créosote toutes les
douze heures. On pourrait implanter dans les montants des magnaneries des clous terminés par un
anneau, sur lequel on placerait le godet à créosote. Si la quantité de créosote doit être augmen-
tée, on pourra le faire ; car, d'après mes essais en
petit, une quantité triple de celle que je viens d'in-
diquer n'est pas nuisible. C'est une chose surpre-
nante de voir combien les vers vivent facilement
dans un air très-chargé de vapeur de créosote.

A ce propos de l'augmentation possible de la
quantité de créosote, l'honorable et bienveil-
lant Viganais dont j'ai déjà cité quelques lignes
me disait : « Je me suis demandé si, dès le début
de la récolte et jusqu'à sa terminaison, il ne serait
pas utile, essentiel même, tout en observant vos
prescriptions quant à l'emploi de la créosote en
temps ordinaire, d'augmenter cependant coup
sur coup en temps d'orage pluvieux, ou progres-
sivement en cas de pluies incessantes, la dose de
créosote. Puisqu'il est vrai que le corpuscule
vibrant, notre ennemi mortel, se propage avec
plus de danger pour nous dans une atmosphère
très-saturée d'humidité, ne faudrait-il pas saturer
d'un peu plus de créosote l'air humide, chargé de
vapeur d'eau de nos magnaneries, quand l'air sec
et chaud y serait remplacé par l'humidité venant
du dehors ? »

Je trouve cette observation trés-fondée. En effet, les conditions les plus favorables au développement de toutes les végétations microscopiques étant l'humidité et la chaleur réunies, on comprend que, quand ces circonstances se présentent, il faut insister avec plus de force sur le moyen qui les empêche de pulluler. Il sera facile, d'ailleurs, de suivre l'influence des doses croissantes de créosote

Ces quelques mots suffisent sans doute pour les intelligentes populations des Cévennes. Entre 40 et 120 gouttes de créosote par vingt-quatre heures et par 100 mètres cubes, on voit qu'il y a de la marge. Je suis convaincu que, dans les magnaneries très-aérées, comme elles le sont toutes, l'on pourrait encore élever ces doses sans danger pour les vers.

Préparation des feuilles. — Il faut donner beaucoup de soins à la nourriture des vers à soie. On a beaucoup écrit sur la maladie du mûrier, sur la culture de cet arbre et sur la qualité des feuilles. Je ne saurais donner mon opinion sur les questions qui ont été soulevées à cet égard, mais je crois que les craintes sont exagérées. Ce que je puis affirmer, c'est que la feuille humide, mouillée ou trop gorgée de sucs aqueux, est nuisible, non pas par elle-même, mais en ce que cette humidité favorise singulièrement la prolifération du corpuscule vibrant. Que le corpuscule

ait un germe ou qu'il ne soit que le commence-
ment du développement d'une spore, l'humidité,
l'abondance de l'eau, favorisera son développement. La théorie est encore ici d'accord avec la
pratique. Il faut donc prendre toutes les mesures
qui procureront de la feuille bien ressuyée. Il
faudra, pour l'usage des vers, conserver la feuille
dans un lieu bien aéré, quoique frais, non pas
entassée par terre, dans la poussière ou sur un
sol humide. Il faudra avoir le plus grand soin que
la feuille ne s'échauffe, *ne sue;* pour cela, il faut
l'étendre en couches pas trop épaisses pour que
l'air y circule. Je voudrais qu'on la disposât, dans
le ramier, sur des claies étagées comme les canisses dans la magnanerie. Avec cette disposition,
on pourrait soumettre la feuille à l'influence de
la créosote, comme il a été dit pour la magnanerie. De cette façon, si le corpuscule adhérait déjà
lui-même ou ses spores aux feuilles, on le paraly-
serait. Quoi qu'il en soit, il faudra que la feuille,
avant d'être donnée aux vers, ait séjourné pendant quelque temps, une demi-heure, par exemple,
dans la même atmosphère créosotée que les vers.

La feuille de mûrier qui se trouve dans une
atmosphère trop créosotée brunit, et les vers ne
la mangent pas. Ils la mangent avec plaisir lorsque, malgré la grande quantité de créosote, elle
est restée bien verte. On aura donc, là même, un
indice de la limite que l'on ne doit pas dépasser.
En temps de pluie on pourra, par conséquent, se

guider sur cette observation, pour limiter à propos la quantité de créosote à l'influence des vapeurs à laquelle on soumettra la feuille.

Délitage. — Il est d'observation que la litière moisit. J'espère que cet inconvénient sera diminué par la présence de la créosote. Mais, quoi qu'il arrive à cet égard, les corpuscules qui peuvent se développer dans la litière même sont plus facilement disséminés pendant l'opération qui consiste à l'enlever, et en se répandant dans l'espace ils vont aggraver le mal. Il y a des moyens d'opérer le délitage avec le moins de danger possible. Il faut user de ceux qui occasionnent le moins de poussière, et, dans tous les cas, dans ces jours-là, il faut forcer la dose de créosote.

Telles sont, en résumé, les précautions que la théorie et des essais pratiques m'ont suggérées. Je ne puis trop redire que l'on aurait tort de ne pas essayer d'une méthode qui n'offre aucun danger pour les vers[1], qui n'est pas difficile à appliquer[2] et qui n'est pas dispendieuse[3]. Je ne

[1] Il n'y a pas de danger non plus pour les personnes qui soignent les vers. L'odeur de créosote se supporte facilement par nous, et, loin d'être nuisible, je la crois bienfaisante en temps d'épidémie.

[2] On trouvera chez Castagnié deux petits appareils pour le dosage de la créosote : 1° un petit tube contenant 25 gram. de créosote jusqu'au trait ; 2° une petite pipette portant deux divisions, représentant 10 et 20 gouttes de créosote.

[3] La créosote se vend 8 fr. le kilogr., à Strasbourg, chez

sais quelle sera l'issue de la campagne de cette année, mais j'ai la certitude que mes conseils n'aggraveront pas le mal.

MM. Kob et Himbly, droguistes, et à Paris chez M. Émile Rousseau, fabricant de produits chimiques, 66, rue des Écoles.